影片**1000**萬點閱
保證不失敗！

My Special Baking Note

無比美味，簡直就是專業等級！

滋味豐富美妙的
燒菓子&烘烤點心

gemomoge

出版菊

Contents

Part 1 初級篇

Part 2 **中級篇**

Contents

Part 3 高級篇

前言

新朋友以及老朋友們
大家午安。

我是從2016年開始
在部落格公開分享食譜，
本書中特別收錄了超人氣的配方、
我自己覺得美味的糕點、
以及未曾在部落格公開的食譜。

每一種都搭配了步驟照片，
並詳細記錄了不會失敗的秘訣。
若大家能夠由這麼多的照片中，
想像出糕點的質地和口感，會讓我倍感欣慰。

我個人認為製作糕點，
是一種幸福的交流。
製作當下，想到為了誰而製作，
而品嚐時，又是與誰共同享用的美好幸福時光。

衷心希望本書能成為這樣的幸福起點。

書中介紹的配方，最重要著眼於追求「美味」，
藉由仔細的步驟照片，詳盡地加以說明。

萬一無法做出像照片般的成品，
也絕對不代表失敗。
享受製作過程、開心愉悅的享用，
就必定是成功的點心，
所以請大家務必挑戰嘗試看看。

即使是初級篇，也都是非常美味的配方。
希望大家能多作幾次，將它變成你最拿手的糕點，
對我來說真是與有榮焉。

gcmomoge風格

美味烘焙的秘訣

Secret Tips for Baking

Tips 1

注意粉類的混拌方式

司康或餅乾等,印象中需要用力按壓粉類混拌。磅蛋糕也一樣,像切開般粗略混拌。另一方面,如戚風蛋糕或瑪德蓮,也是需要確實混拌粉類,以釋出筋性為訣竅的糕點。有意識地區隔混拌方式,完成的成品也會大不相同。

Tips 2

確實烘焙至呈現烘烤色澤

表面確實烘焙至呈現烘烤色澤,就是美味完成製作的重點。特地製作的麵團,若是燒焦了,會影響風味及口感。巧克力司康、蘋果派等,表面容易融化或焦化的糕點,在烘焙過程中,可以覆蓋鋁箔紙使中央部分能確實受熱烘烤。

確實掌握自己烤箱的
使用特性

我自己使用的是嵌入式烤箱（built-in type oven），但若是使用帶有微波爐功能的烤箱，在開關箱門時，溫度就會即刻降低。建議先試著用本書中液體油餅乾（p.14～）食譜上的標示時間烘焙看看，以熟悉烤箱的特性。首先，依照書本中標示的時間烘烤，並試著用自己的烤箱掌握能確實烘烤，又不燒焦的溫度和時間。

「奶油放置成常溫」
標準是非常柔軟

奶油，放置成用手指按壓時，可以立即壓入的柔軟程度。奶油一旦變硬，與雞蛋混合時容易導致分離，口感也會變差。放置回復常溫，用攪拌器打發成飽含空氣的狀態，就是重點。也毋須過度拘泥在「常溫」的語詞上，只是用在奶油硬度的溫度管理參考而已。

製作過程中溫度也必須多加注意

糕點製作時，有放置冷卻的麵團，也有保持常溫的麵團。司康、鑽石餅乾、蘋果派的麵團，就是在冷卻狀態下用烤箱油炸般地完成烤焙。另一方面，像磅蛋糕等，一旦將奶油和雞蛋在冷卻狀態下混拌，就會無法順利完成乳化而導致產生分離。材料的溫度管理就是成功的秘訣。

How to use
本書的使用方法
————

* 奶油使用的是無鹽奶油。
* 砂糖沒有特別標記時，使用的是細砂糖。
* 液體油，請使用米糠油、葡萄籽油、沙拉油、太白胡麻油等。
* 手粉使用的是高筋麵粉。
* 計量單位1小匙＝5ml、1大匙＝15ml。
* 烤箱的烘焙時間僅作為參考標準。
  會因模型的大小、深淺、材質、烤箱機種而產生差異，因此請配合自家使用的烤箱特性進行調整。

造型＆攝影／gemomoge
設計／柏 幸江（スタジオ・ギブ）
編輯／長谷川 華（はなぱんち）

燒菓子

初級篇

初次的糕點製作，

儘可能選擇不會失敗的種類。

在此，介紹給大家材料單純、步驟少，

即使是初學者也能簡單完成的食譜。

液體油餅乾，只要混拌材料烘烤，

添加起司或水果乾等，

當完全記住餅乾的變化後，

就能進入下個階段的瑪芬製作。

瑪芬，也是不斷地加入材料混拌，

放入模型中烘烤即可。

都是可以每天毫不遲疑，投入製作的糕點。

Cookies

若提到糕點製作的基本，
不管怎麼說都是餅乾

　　餅乾，是最適合和小朋友們一起製作的糕點。我小時候也和祖母一起聯手製作過。對於連米糠醃菜基底、味噌都是親自動手作的祖母而言，我覺得她教給我的是享受糕點製作的基礎。

　　和小朋友一起共同製作的糕點，最推薦的就是液體油餅乾。添加奶油的麵團，一旦揉和時奶油融化會造成麵團劣化，但是若是使用液體油，即使一直揉和也沒關係。

　　用喜歡的切模按壓形狀後，將剩下的麵團再重新揉和擀壓，就像在玩黏土般令人樂在其中。液體油餅乾，雖然最後是用雞蛋整合，但即使用水也能整合成團，因此若是對雞蛋過敏，請試著用水來製作。

recipe 01
Oil Cookies

用塑膠袋輕鬆地
只要1小時就能完成！

液體油餅乾

Point

花不到1小時就能輕鬆完成的餅乾。
粉類和液體油混拌
盡可能避免揉和
就能呈現酥脆口感。
即使不斷碰觸麵團也不會變硬，
所以最適合和小朋友一起手作。

材料（餅乾模30～40片）

低筋麵粉	120g
糖粉	40g
液體油（米糠油）	50ml
雞蛋	1/3個
香草油	3滴

預備作業 ▶ 量測材料
　　　　　　　攪散雞蛋
　　　　　　　預備塑膠袋

烘焙時間 ▶ 170℃　約17分鐘～

01

將低筋麵粉和砂糖放入塑膠袋內。

02

用單手確實閉合並抓緊塑膠袋口，以另一手搖動混合。

03

將液體油放入塑膠袋內。添加香草油。

04

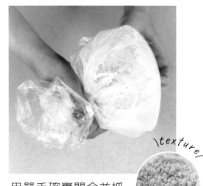

用單手確實閉合並抓緊塑膠袋口，以另一手搖動混合。

\texture/

搖動混合成鬆散粒狀

05

少量逐次地加入蛋液。避免一次加入全量。

06

使材料在袋中融合，若仍留有粉類的感覺，可以添加蛋液（分量外）。

07

取出麵團放至缽盆中，儘可能不揉和地按壓整合成團。

\texture/

若有沾黏的狀況時，可以添加少量麵粉

08

此時以 170°C 預熱烤箱

在工作檯上擺放麵團，輕輕覆上保鮮膜。

09

利用擀麵棍，擀壓成2mm厚。

10

用喜歡的切模按壓出形狀。

11

排放在舖有矽膠烤墊的烤盤上。

12

以170°C約17分鐘～烘烤。依烤箱的機型進行調整。

13

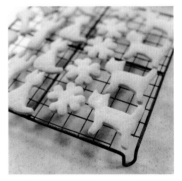

完成。從烤箱中取出，確實冷卻。

column

液體油，雖然使用的是米糠油，但其他的葡萄籽油、沙拉油、太白胡麻油等也都 OK。

輕盈可口最適合夏天！
鹽分還能預防中暑

果乾鹹餅乾

Point

不使用奶油&雞蛋，

想到時就可以立即製作

健康且滋味具深度的餅乾。

葡萄乾、木瓜、芒果等，

使用個人喜好的乾燥水果及堅果。

烘焙成較大的形狀，1片就有飽足感。

材料（直徑6cm的餅乾20～22片）

低筋麵粉	200g	乾燥水果	50g
細砂糖	60g	堅果（喜好的堅果、烤焙過）	
液體油（米糠油）	60ml		50g
牛奶	50～60ml	鹽	2小撮（1g）

預備作業 ▶ 量測材料
切碎乾燥水果和堅果

烘焙時間 ▶ 170℃　約30分鐘～

01

在略大的缽盆中放入低筋麵粉、砂糖、鹽，用攪拌器混拌。

02

液體油少量逐次地加至粉類的中央。

03

用刮板彷彿切開般使液體油融入其中。

04

用手捧起麵粉，以雙手摩擦般搓散成細砂狀。

texture

成為鬆散狀態

05

加入切碎的堅果和乾燥水果，混拌均勻。

06

添加牛奶，用刮板切開般混拌均勻。

07

此時以170℃預熱烤箱

待水分滲入全體後，按壓整合成團。

08

在工作檯上擺放麵團，輕輕覆上保鮮膜。

09

用擀麵棍按壓推展地擀壓成5mm的厚片。

10

利用環形壓模，連同堅果和乾燥
水果一起按壓切出形狀。

11

排放在舖有矽膠烤墊的烤盤上。

12

以170℃烘烤約30分鐘～。依
烤箱的機型進行調整。

13

完成。從烤箱中取出，確實冷卻。

column

堅果使用杏仁果、核桃
等，個人喜好的種類。
雖然建議使用不含鹽的
堅果，但若含鹽時，請
減少材料中的鹽分量。

飽含食物纖維
也適合搭配葡萄酒的成熟風味

燕麥起司餅乾

Point

酥鬆的口感

紮實呈現的起司風味

最適合佐酒

作爲下酒點心的餅乾。

請試著挑戰羅勒或迷迭香等

依個人喜好的乾燥香草來製作！

材料（5cm方塊的餅乾25～30片）

燕麥	100g	香草（個人喜好的乾燥香草）	
起司粉	20g		0.5g
全麥粉（高筋麵粉）	50g	鹽	4g
液體油	60ml	黑胡椒	1～2g
雞蛋	1個（L尺寸）	黑芝麻（依個人喜好）	5g

預備作業 ▶ 量測材料
　　　　　　攪散雞蛋
　　　　　　在烤盤上舖放烤盤紙

烘焙時間 ▶ 180℃　約15分鐘＋200℃　約15分鐘～

01

在缽盆中放入液體油和雞蛋以外的全部材料，均勻混合。

02

此時以
180℃
預熱烤箱

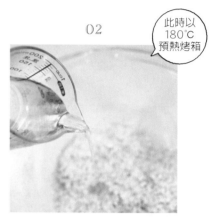

液體油少量逐次地加入。

03

texture

成為鬆散狀態

用刮板等彷彿切開般地均勻混拌。

04

texture

使全體粉類均勻地濕潤即可。

少量逐次地加入蛋液，用刮板彷彿切開般地均勻混拌。

05

按壓整合成團後，放置在烤盤上。若無法整合成團時，添加牛奶（分量外）。

06

由上方輕輕覆上保鮮膜。

07

利用擀麵棍，擀壓成3mm厚。

08

以180℃的烤箱烘烤約15分鐘，溫度調高至200℃烘烤約15分鐘～，烘烤至呈現金黃色澤為止。

09

完成烘烤時，用廚房紙巾拭去浮出表面的油脂。

10

趁熱時使用披薩滾輪刀分切。

=== column ===

作為燕麥片（oatmeal）或燕麥營養棒（Granola Bar）原料的燕麥。高營養價值且低卡、富含食物纖維。

細砂糖閃爍的光澤
宛如鑽石！

鑽石餅乾

Point

滿滿奶油的鑽石餅乾。

裹在外側的細砂糖

閃耀著光澤，如同寶石一般。

分切麵團時，緩慢仔細地進行。

無論誰都會開心收到

經典款的伴手禮。

材料（直徑2.5cm的餅乾約30片）

低筋麵粉	120g	奶油	80g
糖粉	60g	鹽	2小撮（1g）
杏仁粉	30g	手粉	少量
牛奶	15ml	細砂糖	50g

預備作業 ▶ 量測材料

奶油切成骰子狀，使用前10分鐘由冷藏室取出備用

在烤盤上舖放烤盤紙

烘焙時間 ▶ 160℃　約45分鐘～

01

混合低筋麵粉、糖粉、杏仁粉、鹽，過篩。

02

食物調理機中放入①和奶油後攪打，取出放入略大的缽盆中。

\texture/

變成鬆散狀
即可

03

\texture/

牛奶融入即可

在②的缽盆中加入牛奶，用刮板如切開般混拌。

04

用手將麵團按壓整合成團。要注意一旦過度揉和，烘焙的成品會變硬。

05

以刀子分切成二。

06

利用木板等輕輕滾動可以使形狀更加均勻。

在撒有手粉的工作檯上滾動成直徑約2.5cm×長30～33cm的圓柱狀。必須注意用力按壓會導致裂紋。

07

各別用保鮮膜包覆，置於冷凍室靜置1小時，成為硬梆梆的狀態。

08

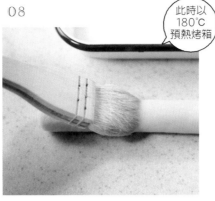

此時以
180°C
預熱烤箱

取出麵團,以毛刷等薄薄地在表面刷塗水分(分量外)。

09

攤平細砂糖,邊按壓麵團使整體能均勻沾裹。

10

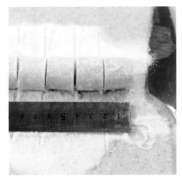

待成為分切時不致破碎的柔軟程度,用刀子切成2cm的厚度。

11

若切口均勻平整,就能完成漂亮的成品。

12

以冷卻的狀態排放在烤盤上。

13

放入160°C的烤箱烘烤約45分鐘～。依烤箱的機型進行調整。

14

完成。從烤箱取出,確實冷卻。

column

想要做成可可口味或抹茶口味時,可以各別用可可粉20g、抹茶粉5g替換等量的低筋麵粉。

recipe
05
Fudgy Raspberry Brownies

方便食用的
一口大小

覆盆子布朗尼

Point

表面香脆、中間軟稠、
用即溶咖啡提味的
美式布朗尼。
巧克力與增添酸味的覆盆子
更是絕配。
最適合與咖啡一起享用。

材料（18cm的方型模1個）

高筋麵粉	15g	板狀巧克力（黑巧克力）	
低筋麵粉	15g		2片（100g）
可可粉	25g	香草油	3滴
奶油	50g	鹽	0.5g
砂糖	130g		
雞蛋	1個（L尺寸）	**覆盆子糖漿**	
液體油	50ml	覆盆子（冷凍）	50g
即溶咖啡	1小匙	砂糖	15g

預備作業 ▶ 量測材料
　　　　　　雞蛋回復常溫
　　　　　　在模型中舖放烤盤紙

烘焙時間 ▶ 220℃　約25分鐘～

製作覆盆子糖漿

01　　　02　　　03

在耐熱缽盆中放入覆盆子和砂糖15g，用500w的微波爐加熱1分鐘。攪拌後再加熱1分鐘，製作成覆盆子糖漿。

製作布朗尼麵團

01

均勻混合粉類和鹽備用。

02

此時以
200℃
預熱烤箱

巧克力切碎後分成2等分。

03

在缽盆中放入奶油、砂糖130g、巧克力（半量）、液體油、香草油，隔水加熱使其融化。

04

== column ==

除了覆盆子之外，也建議可以使用堅果、碎餅乾等作為搭配食材。

加入即溶咖啡混拌。

05

加入雞蛋混拌。

\texture/
雞蛋確實
混拌

06

加入①的粉類和其餘的巧克力，大動作混拌。

\texture/
呈現光澤的
程度

07

將麵團倒入模型中。

08

略略瀝去覆盆子糖漿的水分，僅
放入果粒。

09

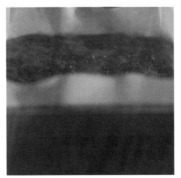

以200℃的烤箱約烘烤25分
鐘～。若表面感覺要燒焦時，覆
蓋鋁箔紙。

10

連同模型一起放涼後，分切成
3cm的塊狀。

Muffins

可以開心享用內含食材的糕點
就是瑪芬

　　對我而言，瑪芬＝大阪御好燒的感
覺。瑪芬不是品嚐麵粉香氣的糕點，
而是享用內含食材的糕點。會因為當
中放入的食材，而改變風味，因此可
以開心享受水果、起司、巧克力等加
入的材料。

　　瑪芬使用的麵粉，說到底就是融合
作用。例如鹹瑪芬就是享用起司及其

中的材料。綜合鬆餅粉瑪芬，也是利
用綜合鬆餅粉銜接巧克力，因此對於
不喜歡麵粉獨特風味的朋友，這樣的
配方應該可以感覺更美味地享用。

　　原味瑪芬，也可以在表面擺放切碎
的焦糖、或在其中放入果醬，請大家
嘗試屬於自己的獨特＋α組合。

recipe
06
Classic Muffins

簡單又質樸！
即使每天吃都不會膩的滋味

液體油烘焙的
原味瑪芬

Point

一個稱作DRY裝有粉類的缽盆，
與另一個裝有優格或液體油等
稱爲WET的液體類缽盆混合，
將這些材料全部一次混合拌勻後烘烤。
1小時內迅速完成也是其魅力所在。
請開心地享用添加的材料！

材料（直徑7cm的瑪芬模10個）

A（DRY）		B（WET）	
高筋麵粉	150g	原味優格	200g
低筋麵粉	150g	液體油	120ml
泡打粉	5g	（100～150ml內可增減）	
食用小蘇打粉	5g	雞蛋	2個（L尺寸）
砂糖	150～200g	香草油	6滴
鹽	1小撮（0.5g）		
		珍珠糖（若有的話）	適量

預備作業 ▶ 量測材料
在模型中舖放紙模

烘焙時間 ▶ 190℃　約20分鐘～

01

此時以
190℃
預熱烤箱

使結塊消失

在略大的缽盆中放入
A，用攪拌器混拌。

02

混拌至呈滑順
狀為止

在另外的缽盆中放入 B，用攪拌器充分混合拌勻。

03

混拌至粉類完
全消失為止

將②全部倒入①中，用橡皮刮刀彷彿切開般混合拌勻。

04

將麵糊倒入模型中至8～9分滿。

05

撒上珍珠糖。

06

以190℃烘烤約20分鐘～。

07

取出降溫。

紮實的甜點
美式風格的滋味！

綜合鬆餅粉烘焙的
雙重巧克力瑪芬

> Point

自家經典的巧克力瑪芬。

巧克力直接切碎放入，

利用較多的糖粉，

能抑制綜合鬆餅粉特有的味道

也避免不均勻。

是點菜率很高的配方。

材料（迷你瑪芬模24個＜若是一般直徑7cm的瑪芬模10個＞）

綜合鬆餅粉	200g	液體油	70ml
糖粉	100g	雞蛋	1個（L尺寸）
可可粉	20g	香草油	2滴
牛奶	160ml	板狀巧克力	3片（150g）

預備作業 ▶ 量測材料
　　　　　　　預備擠花袋
　　　　　　　板狀巧克力2片切碎，1片切成略大的塊狀
　　　　　　　在模型中舖放紙模

烘焙時間 ▶ 200℃　　約15分鐘～

01

02

在略大的缽盆中放入綜合鬆餅
粉、砂糖、可可粉。

用攪拌器混拌。

\texture/

使結塊消失

03

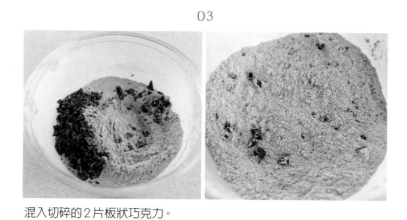

混入切碎的2片板狀巧克力。

04

在另外的缽盆中放入牛奶、液體油、雞蛋、香草油，用攪拌器充分混合
拌勻。

05

將④加入③當中。

06

用橡皮刮刀切開般混拌均勻。

此時以
200℃
預熱烤箱

\texture/

混拌至呈滑
順狀為止

07

將⑥放入擠花袋內。

08

麵糊擠入模型至6分滿。沒有擠
花袋時,用湯匙舀入也OK。

09

以其餘的板狀巧克力裝飾。

10

用200℃的烤箱烘烤約15分鐘〜。碰觸時感覺得到彈性即已完成。

column

海綿蛋糕類可以用竹籤刺
入來確認烘焙完成與否,
但添加了巧克力,以手指
碰觸表面感覺像海綿般可
回彈,即可。

起司的鹹味
與香草搭配更加提味

起司餐食瑪芬

Point

是一款不甜的餐食瑪芬。
起司和乾燥香草相互搭配，
可以作爲早餐、佐以沙拉的輕食午餐、
或是取代麵包搭配肉類料理。
請一定要試試剛出爐的滋味。
一旦冷卻後會變硬，因此務必加熱後享用！

材料（直徑7cm的瑪芬模10個）

A（DRY）		雞蛋	1個
高筋麵粉	150g	（L尺寸）	
低筋麵粉	150g	蒜泥	3g
泡打粉	7g		
食用小蘇打粉	3g	起司絲	150g
鹽	5g	乾燥香草（依個人喜好）	1.5g
黑胡椒（依個人喜好）	1g	炸洋蔥（依個人喜好）	40g
B（WET）			
牛奶	250ml	＜完成時使用＞	
原味優格	50g	奶油	30g
液體油	80ml		

預備作業 ▶ 量測材料
在模型中鋪放紙杯模

烘焙時間 ▶ 180℃　約25分鐘～

01
在略大的缽盆中放入 **A**，用攪拌器混拌。

texture!
使結塊消失

02
在另外的缽盆中放入 **B**，用攪拌器充分混合拌勻。

此時以 190℃ 預熱烤箱

texture!
混拌至呈滑順狀為止

03
將②加入①當中，用橡皮刮刀切開般混拌均勻。

texture!
至可見粉類隱沒其中的狀態

04
在殘留少許粉類的狀態下，加入炸洋蔥、起司絲、乾燥香草。

05
用橡皮刮刀切開般混合拌勻。

06
將麵糊放入模型至 7～8 分滿。

07
以 180℃ 的烤箱，烘烤約 25 分鐘～。

08

從烤箱取出，趁溫熱時刷塗奶油。

09

連同紙杯模一起取出降溫。

乾燥香草和炸洋蔥，即使沒有也 OK。但因為是作為提味的食材，儘可能添加較能使風味展現層次！也很推薦使用火腿等。

Ingredients

關於材料

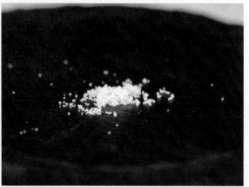

（左）特級紫羅蘭 SUPER VIOLET
（右）細粒的細砂糖

鹽也是需要注意的重點

細粒的細砂糖局部
放大照。

1小撮大約
是這樣

　　我的食譜，基本上都是可以在附近超市等，能輕易購得材料來製作。幾乎都只需要有粉類、奶油、砂糖、再來是牛奶、雞蛋等，就能製成的糕點。

　　話雖如此，但若選擇較講究的材料，完成時當然會更加美味。左上照片左邊介紹的是特級紫羅蘭 SUPER VIOLET 的低筋麵粉。雖然很難在一般超市看到，但在糕點烘焙材料行就能購得。左上照片右邊的是細粒的細砂糖，製作燒菓子（烘烤點心）時，希望大家務必能使用易於融化的細砂糖，若能使用像照片般細粒的細砂糖，因粒子較細，磅蛋糕等的成品就可以更細緻地完成。

　　另外，鹽也是燒菓子所不可或缺的材料。我使用的是未精製的天然鹽，使用這樣的鹽，風味也會隨之不同。本書中經常出現的1小撮，可以用照片中的分量（0.5g）作爲參考標準。

Part 2

My Special Baking Note

燒菓子

中級篇

中級篇有幾個重點。
例如司康，
奶油等材料要以冰冷狀態使用，
製作磅蛋糕時，油分和水分
確實混合使其乳化。
再者，還有蛋白霜的處理、焦化奶油等
都是這個篇章中，糕點製作很重要的訣竅。
這些重點，在接下來的高級篇裡
也是製作上很重要的環節，
因此請務必牢記這些秘訣。

Story 3

Scones

製作糕點時，教會我
「放輕鬆毋需擔心」的點心

　　17歲時，曾經到加拿大進行交換學生。當時住宿
家庭的隔壁鄰居家，住著義裔加拿大女性，放學後幾
乎每天都會讓我去她家，和她一起製作了許多糕點
和料理。

　　某天，我說「想要做司康」，她回我說「司康？司
康一下子就可以做好唷！立刻就好！」，然後沒有
秤，就在缽盆中放入粉類、奶油、優格混拌，放入冷
藏室冷卻至堅硬後分切，送入烤箱。僅30分鐘就完
成了。

　　味道，真的是很棒。讓我體會到麵粉製作的糕點
完全毋須擔心，教會我的就是司康。

想到隨時都可以製作！
輕鬆簡單就能完成

獨家配方司康

Point

雖然司康是一款即使是目測

也不會失敗的糕點之一，

但在此介紹給大家

我自己的最佳比例配方。

請務必在剛出爐時試試它的風味！

奶油的香氣，瞬間令人有幸福的感覺。

材料（12個）

A（DRY）

高筋麵粉	150g
低筋麵粉	120g
全麥粉	30g
（若無，可用高筋麵粉）	
泡打粉	6g
奶油	100g
砂糖	50g
鹽	3小撮（1.5g）

B（WET）

原味優格	70g
牛奶	70ml
雞蛋	1個（L尺寸）
手粉	適量
雞蛋	1個
（尺寸不拘）	

預備作業 ▶ 量測材料

奶油切成1cm塊狀放入冷藏室冷卻

優格、牛奶、雞蛋放入冷藏室冷卻

烘焙時間 ▶ 200℃　約25分鐘～

01

在缽盆中放入奶油之外的材料 **A**，用攪拌器混拌。

使結塊消失

02

食物調理機中放入①和奶油，攪打成鬆散狀。

直到形成粉粒狀

03

將②移至缽盆中，混合 **B** 的牛奶、雞蛋、優格，一次全部加入。

04

以刮板等切拌。

混拌至仍殘留少許粉類時即可

05

麵團分切為2，包妥保鮮膜，置於冷藏室15分鐘，靜置至周圍開始變硬。

06

撒上手粉擺放靜置過的麵團，表面也撒上手粉。

07

用擀麵棍擀壓成1cm厚。

08

進行三折疊。折疊時，若手粉過多麵團無法黏合，用刷子撢去手粉。

09

改變方向，再次用擀麵棍擀壓，進行三折疊。

texture!

橫向可見的狀態

10

再次用保鮮膜包妥，置於冷凍室冷卻至略略變硬。

11

此時以200℃預熱烤箱

取出麵團放在撒有手粉的工作檯上，用蘸上手粉的刀子垂直切去邊緣，再各別分切成6等分。

12

避免觸摸切面地排放在烤盤上，用毛刷將蛋液刷塗在表面。

13

以200℃的烤箱，烘烤約25分鐘～至金黃色澤。

= *column* =

建議搭配果醬或打發的鹽味鮮奶油（鮮奶油100ml中放入鹽1g打發而成）享用，也能冷凍保存。600w的微波爐加熱20～30秒後，再放入吐司小烤箱回烤覆熱！

司康的變化組合

源於 p.52的獨家配方司康，僅變化材料，
就能享用到各式不同風味組合的司康。

務必嚐嚐剛出爐的！

巧克力
碎片司康

p.52
獨家配方司康的

材料中
＋巧克力碎片80g

僅在材料中添加巧克力碎片。若在 p.52獨家配方
司康的半量中添加巧克力碎片，就能同時品嚐到
2種不同風味的司康。

請一定要同時添加水果乾

紅茶司康

p.52
獨家配方司康的

材料中
+茶葉（伯爵茶）15g
　水果乾70g

僅在材料中增加上述2個食材，製作方法相同。紅茶用磨缽磨細備用。水果乾若可以，儘量以洋酒浸漬！

最適合用餐或輕食享用

番茄乾和
蒜味起司的司康

p.52
獨家配方司康的

材料部分變更
・砂糖50g →20g

　　　　　+番茄乾40g
　　　　　起司粉15g
　　　　　大蒜調味料（添加奧勒岡、羅勒等）6g
　　　　　炸洋蔥、香脆培根20g

材料僅變更1個，再添加番茄乾等。炸洋蔥和香脆培根是務必添加的食材，烘焙出的成品會有著全然不同的深刻風味。

芳香醇厚潤澤
美味升級

誘人的香蕉蛋糕

Point

樸實香甜的香蕉蛋糕，
是獨家的黃金比例配方。
紮實的香蕉製成果泥，
製作出不沾黏、具彈性且不硬的麵糊。
用瑪芬杯烘焙成小型蛋糕，
也很建議在出爐時立即享用。

材料（直徑18cm的庫克洛夫模 1個）

低筋麵粉	100g	完全熟成的香蕉	3根
高筋麵粉	100g	（果泥狀250ml）	
食用小蘇打粉	5g	檸檬汁	2大匙
液體油	80〜100ml	香草油	6滴
奶油	50g	鹽	3g
細砂糖	130〜150g		
（因應香蕉的甜度增減）		＜完成時使用＞	
雞蛋	2個（L尺寸）	糖粉（依個人喜好）	適量

預備作業 ▶ 量測材料
奶油和雞蛋回復常溫
將香草油混拌至液體油中備用

烘焙時間 ▶ 180℃　約40分鐘〜（瑪芬杯則約20分鐘〜）

01

\texture/

使結塊消失

在缽盆中放入低筋麵粉、高筋麵粉、食用小蘇打粉、鹽，以攪拌器混拌。

02

香蕉和檸檬汁用直立式攪拌棒混合拌勻（用攪拌機也OK）。由其中量測出250ml備用。

03

用噴霧式脫模烤盤油噴撒至模型內，或用奶油刷塗後篩上粉類（哪種都可，分量外）置於冷凍室冷卻。

04

此時以180℃預熱烤箱

奶油放入缽盆中，用攪拌器充分混合拌勻。

\texture/

混拌至成為乳霜狀

05

加入砂糖，與奶油充分混合拌勻。

\texture/

成為鬆散狀態

06

\texture/

待成為像美乃滋狀態即可

加入液體油，用攪拌器充分混拌至產生光澤為止。

07

雞蛋每個逐次加入，每次加入後都用攪拌器充分混合拌勻。

08

加入②的香蕉果泥,用攪拌器充
分混拌均勻。

09

趁⑧尚未分離時,立刻倒入①放
有粉類的缽盆中。

10

\texture\

用橡皮刮刀切開般混
拌,使二者結合,並
且要避免過度混拌。

不揉和地像
切開般混拌

11

麵糊放入模型中,擺放在烤盤上。

12

以180℃的烤箱,烘烤約 40分
鐘～。

13

烘焙完成後,由10cm的高處向桌面摔2次以排出蒸氣,由模型中取
出倒扣至網架上。冷卻後依個人喜好篩上糖粉。

=== column ===

液體油用米糠油或葡萄籽
油,無氧化的新鮮產品。
香蕉使用表皮變黑、完全
成熟的。

Pound Cake

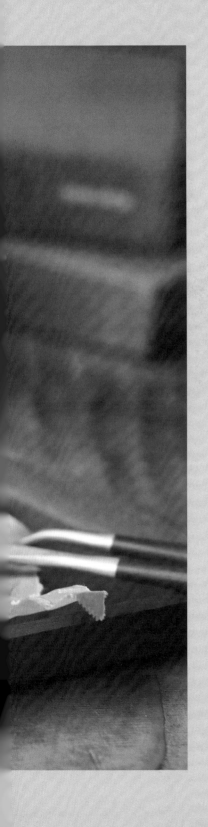

重新搭配祖母的食譜配方，
能從頭到尾品嚐出美味的蛋糕

　　本書中介紹的磅蛋糕，是以孩提時教會我糕點製作樂趣的祖母，所留下的食譜為基礎配方。

　　原本，磅蛋糕就是混合等量的麵粉、奶油、砂糖、雞蛋這4種材料，製作烘焙而成。但這裡介紹的是，在不斷的重覆製作後，自己覺得最美味的配方。

　　能保存較長時間的磅蛋糕，也很推薦送禮使用，整條蛋糕的美味又更特別。一旦分切，無論如何水分都會由切面蒸發，而導致美味程度降低。一整條送出時，可以讓朋友邂逅不同於平時的美味，應該是很受歡迎的伴手禮。

奶油馨香的麵糊中
乾燥水果就是提味的重點

果乾磅蛋糕

Point

作為小禮物或伴手禮

都非常合適

口感豐郁的磅蛋糕。

加入雞蛋後，

確實使其乳化，

就能完成滑順口感及輕盈的滋味。

材料（18×8×6cm的磅蛋糕模1個）

低筋麵粉	75g	水果乾（洋酒浸漬）	75g
杏仁粉	25g		
泡打粉	2g	**＜完成時使用＞**	
奶油	100g	洋酒（白蘭地或蘭姆酒等）	
雞蛋	1個（L尺寸）		30ml
細砂糖	80g	蜂蜜	1大匙
鹽	1小撮（0.5g）	糖粉（依個人喜好）	適量

預備作業 ▶ 量測材料
奶油和雞蛋回復常溫
攪散雞蛋
在磅蛋糕模的內側噴撒烤盤油或舖放烤盤紙
水果乾切碎

烘焙時間 ▶ 170℃　約40分鐘～

01

02

混合低筋麵粉、泡打粉和鹽，過篩２次。

杏仁粉過篩２次。

03

\texture/

混拌至成為乳霜狀

在缽盆中放入奶油，用攪拌器攪拌約３分鐘。

04

\texture/

添加細砂糖，用攪拌器充分混合攪拌。

當顏色發白膨脹時即可

05

\texture/

加入②，用攪拌器充分混合拌勻。

至膨鬆柔軟為止

06

\texture/

蛋液以每次１大匙逐次加入，用攪拌器混拌至滑順為止，重覆進行。

因乳化而呈光澤狀

07

此時以170°C預熱烤箱

加入①，用橡皮刮刀縱向切開不揉和地由底部翻拌。

08

在仍殘留少許粉類的狀態下加入水果乾，用橡皮刮刀切開般混拌。

\texture/

不揉和地切開混拌

09

放入磅蛋糕模，向工作檯敲扣5次，以排出空氣。

10

用橡皮刮刀將表面整理成中央較低的磨缽狀。

11

擺在烤盤上，以170°C烘烤約40分鐘～至呈黃金色澤。

12

將模型由10cm高處向工作檯上摔，以防止烘烤後收縮，脫模至舖有烤盤紙的網架上。用毛刷在表面刷塗混有蜂蜜的溫熱洋酒。

13

趁熱以保鮮膜密封，冷卻後放入冷藏室靜置2天。享用時，可依個人喜好篩上糖粉。

輕盈口感中
散發著抹茶香氣

抹茶磅蛋糕

Point

麵團中混入了抹茶和紅豆
是一款輕盈且口感潤澤的磅蛋糕。
不斷重覆幾次試作，
終於調配出
自己滿意的香氣及風味。
主角的抹茶，當然務必要選擇優質產品！

材料（18×8×6cm的磅蛋糕模1個）

低筋麵粉	75g	鹽	2 g
杏仁粉	25g	煮紅豆（甜的）	75g
泡打粉	2g		
抹茶	5g	＜完成時使用＞	
奶油	100g	梅酒	30ml
雞蛋	1個（L尺寸）	（洋酒30ml＋蜂蜜1大匙，	
砂糖	60g	或可用砂糖10g來代用）	
蜂蜜	15g	糖粉（依個人喜好）	適量

預備作業 ▶ 量測材料
　　　　　　奶油和雞蛋回復常溫
　　　　　　攪散雞蛋
　　　　　　在磅蛋糕模的內側噴撒烤盤油或舖放烤盤紙
　　　　　　瀝乾煮紅豆的湯汁

烘焙時間 ▶ 170℃　　約40分鐘～

01

混合低筋麵粉、抹茶、泡打粉和鹽，過篩2次。

02

杏仁粉過篩2次。

03

在缽盆中放入奶油，用攪拌器攪拌約3分鐘。

\texture/

混拌至成為乳霜狀

04

\texture/

添加蜂蜜，用攪拌器充分混合拌勻。

當變得黏稠時即可

05

\texture/

細砂糖分3次添加，用攪拌器充分混合攪拌。

當顏色發白膨脹時即可

06

加入②，用攪拌器混拌至產生光澤融合。

\texture/

至產生光澤為止

07

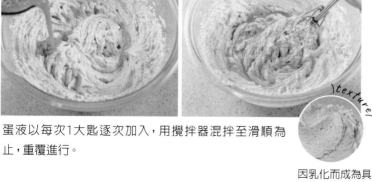

蛋液以每次1大匙逐次加入，用攪拌器混拌至滑順為止，重覆進行。

\texture/

因乳化而成為具有光澤的麵糊

08

此時以
170℃
預熱烤箱

加入①，用橡皮刮刀縱向切拌４次，由底部翻起地混拌。

09

在仍殘留少許粉類的
狀態下加入紅豆，用橡
皮刮刀切開般混拌。

混拌至產生
光澤

10

放入磅蛋糕模，向工作檯敲扣５
次，以排出空氣。

11

用橡皮刮刀將表面整理成中央
較低的磨缽狀。

12

擺放在烤盤上，用
170℃烘烤約40分
鐘～至呈黃金色澤。

13

將模型由10cm高處向工作檯
上摔，以防止烘烤後收縮，脫模
至舖有烤盤紙的網架上。

14

趁熱用毛刷刷塗梅酒。

15

並趁熱時以保鮮膜密封，冷卻後
放入冷藏室靜置２天。享用時，
可依個人喜好篩上糖粉。

蘭姆酒飄香的
成熟風味

柳橙巧克力磅蛋糕

Point

黑巧克力和糖漬橙皮

的黃金組合。

濃郁美味，

還飄散著洋酒的香氣。

添加了奶油起司

蛋糕更加潤澤可口。

很推薦搭配葡萄酒享用。

材料（18×8×6cm 的磅蛋糕模 1 個）

低筋麵粉	75g	奶油起司（cream cheese）	25g
可可粉	17g	鹽	0.5 g
杏仁粉	30g		
奶油	100g	**＜完成時使用＞**	
泡打粉	2g	洋酒（蘭姆酒等）	30ml
雞蛋	1個（L尺寸）	蜂蜜	1大匙
砂糖	90g	糖粉（依個人喜好）	適量
糖漬橙皮（洋酒浸漬）	75g		
板狀巧克力（黑巧克力）1片（50g）			

預備作業 ▶ 量測材料
奶油和雞蛋回復常溫
攪散雞蛋
在磅蛋糕模的內側噴撒烤盤油或舖放烤盤紙
板狀巧克力、糖漬橙皮切碎

烘焙時間 ▶ 170℃　約40分鐘～

01

混合低筋麵粉、可可粉、泡打粉和鹽，過篩２次。

02

杏仁粉過篩２次。

03

在缽盆中放入奶油，用攪拌器混拌約３分鐘。

混拌至成為乳霜狀

04

添加砂糖，用攪拌器充分混合拌勻。

當顏色發白膨脹時即可

05

加入奶油起司，用攪拌器充分混合拌勻。

06

加入②，用攪拌器充分混合拌勻。

至膨鬆柔軟為止

07

蛋液以每次１大匙地逐次加入，用攪拌器混拌至滑順為止，重覆進行。

形成有光澤的麵團

08

加入①，用橡皮刮刀切開般混拌。

此時以170℃預熱烤箱

\texture/

至仍殘留少許粉類狀態

09

加入糖漬橙皮和板狀巧克力，用橡皮刮刀切開般混拌。

\texture/

至產生光澤

10

放入磅蛋糕模，向工作檯敲扣5次，以排出空氣。

11

用橡皮刮刀將表面整理成中央較低的磨缽狀。

12

擺放在烤盤上，用170℃烘烤約40分鐘～至呈黃金色澤。

13

將模型由10cm高處摔落至工作檯上以防止烘焙縮減，脫模至鋪有烤盤紙的網架上。用毛刷在表面刷塗上混有蜂蜜的溫熱洋酒。

14

趁熱時以保鮮膜密封，冷卻後放入冷藏室靜置2天。享用時，可依個人喜好撒上糖粉。

= column =

蘭姆酒或個人喜好的洋酒都 OK。小朋友食用或不太能接受酒類時，完成時可刷塗用水50ml和砂糖30g混合製成的糖漿或柳橙汁。

伯爵茶的香氣！
外表酥脆、內側潤澤

紅茶磅蛋糕

Point

磅蛋糕麵團中
連同紅茶茶葉一起混拌，
奶香中同時散發紅茶的香氣。
完成時的成品是
表層酥脆，內側潤澤可口。
充分冷卻切後再進行分切。

材料（18×8×6cm的磅蛋糕模1個）

低筋麵粉	80g	鹽	0.5g
杏仁粉	25g	茶葉（伯爵茶）	4g
泡打粉	2g		
奶油	100g	**＜完成時使用＞**	
牛奶	4ml	洋酒（君度橙酒）	30ml
抹茶	5g	蜂蜜（或砂糖）	1大匙
雞蛋	1個（L尺寸）	糖粉（依個人喜好）	適量
砂糖	80g		

預備作業 ▶ 量測材料
　　　　　　奶油和雞蛋回復常溫
　　　　　　攪散雞蛋
　　　　　　在磅蛋糕模的內側噴撒噴霧式脫模烤盤油或舖放烤盤紙
　　　　　　茶葉用研磨機或磨缽磨成細末

烘焙時間 ▶ 170℃　　約45分鐘～

01

混合低筋麵粉、泡打粉和鹽,過篩2次。杏仁粉過篩2次。

02

\texture/

在缽盆中放入奶油,用攪拌器攪拌約3分鐘。

混拌至成為乳霜狀

03

\texture/

砂糖分3次添加,用攪拌器充分混合拌勻。

當顏色發白膨脹即可

04

\texture/

加入①的杏仁粉,混拌至產生光澤。

形成有光澤的麵團

05

\texture/

蛋液以每次1大匙地逐次加入,用攪拌器混拌至滑順為止,重覆進行。

形成有光澤的麵團

06

完成過篩①的粉類和茶葉混合,放入⑤的缽盆中。

07

此時以
170℃
預熱烤箱

用橡皮刮刀縱向切拌，由底部翻起地翻拌。

texture

至產生光澤

08

待麵團產生光澤後，
加入牛奶混合拌勻。

texture

形成具光澤
的麵團

09

放入磅蛋糕模，向工作檯敲扣５
次，以排出空氣。用橡皮刮刀將
表面整理成中央較低的磨缽狀。

10

擺放在烤盤上，以170℃烘烤約
45分鐘～，待表面產生彈性
即可。

11

將模型由10cm高處摔落至工
作檯上以防止烘焙縮減，脫模至
舖有烤盤紙的網架上。用毛刷在
表面刷塗混有蜂蜜的溫熱洋酒。

12

趁熱以保鮮膜密封，冷卻後放入
冷藏室靜置２天。享用時，可依
個人喜好篩上糖粉。

column

紅茶使用個人喜好的茶葉
也 OK，但添加了佛手柑
風味的伯爵茶香，最為
推薦。

recipe
15
Chocolate Cake

即使少量的材料也能做出道地的風味！
最適合情人節

法式巧克力蛋糕

不使用奶油、以最少的材料
簡單就能製作的法式巧克力蛋糕。
此配方的表面有裂紋，
冷卻後表面香脆，內側潤澤。
也可以搭配鮮奶油或草莓等
作為表層的裝飾。

材料（18cm的圓型模1個）

低筋麵粉	40g
板狀巧克力（黑巧克力）	3片(150g)
鮮奶油	100g
砂糖	100g
蛋黃	3個(L尺寸)
蛋白	3個(L尺寸)

<完成時使用>

糖粉（依個人喜好）	適量

預備作業 ▶ 量測材料
分開蛋黃和蛋白，蛋白放入冷藏室冷卻
蛋黃和鮮奶油放至回復常溫
模型內（僅底部）舖放烤盤紙

烘焙時間 ▶ 170℃　約35分鐘～

01

在耐熱缽盆中放入碎黑巧克力，用500w的微波爐加熱2分鐘融化。
若尚未融化，可視狀態以10秒為單位再次加熱。

02

在①中添加鮮奶
油，用橡皮刮刀確
實混拌。

\texture\

至呈滑順狀
為止

03

加入蛋黃，用橡皮刮刀混拌。

04

加入半量砂糖，用
橡皮刮刀混拌。

\texture\

確實混拌至
產生光澤

=== column ===

寒冷的氣溫下，巧
克力麵糊在室溫下
也很容變硬，因此
可以先製作蛋白霜
置於冷藏室備用，
再製作巧克力麵糊
也OK。

05

過篩加入低筋麵粉，用橡皮刮刀輕輕將粉類拌入。

\texture\

待粉類消失
即可

06

從冷藏室取出蛋白，加入其餘的砂糖，用手提電動攪拌機設定為高速攪拌，一口氣打發，製作蛋白霜。

\texture/

打發至尖角直立產生光澤

07

此時以170℃預熱烤箱

在⑤中加入⑥的蛋白霜1/3，用橡皮刮刀確實混拌。

\texture/

大動作粗略混拌

08

\texture/

呈緞帶狀垂落時即可

其餘的蛋白霜各以半量逐次加入混拌。最後混拌時，膨鬆地完成。

09

約從模型上方10cm的高度垂落般的倒入。

10

晃動模型2～3次整合麵糊。

11

以170℃的烤箱，烘烤約35分鐘～。

12

在模型中完全冷卻後取出，依個人喜好篩上糖粉。

雞蛋香氣美味難忍
膨鬆柔軟的蛋糕

鮮奶油杯子蛋糕

Point

不使用奶油

油脂成分來自鮮奶油的杯子蛋糕

鬆軟潤澤。

即便是小杯子狀

「蛋糕」的存在感十足

或許也會不由得想加以裝飾一下？

材料（直徑7cm的瑪芬模10個）

低筋麵粉	70g
鮮奶油（乳脂肪成分40％以上）	60ml
砂糖	70g
蛋黃	4個（L尺寸）
蛋白	2個（L尺寸）

預備作業 ▶ 量測材料
　　　　　　　蛋黃放至回復常溫
　　　　　　　蛋白和鮮奶油放入冷藏室冷卻
　　　　　　　模型內墊放紙襯（Glassine cup）（9號）

烘焙時間 ▶ 170℃　　約15分鐘～

01

蛋黃和砂糖1大匙,用攪拌器打發至濃稠沈重狀。

02

在鮮奶油中加入其餘砂糖的半量,用攪拌器攪打至9分發。

\texture/

攪打至尖角直立的程度

03

蛋白中加入其餘的砂糖,用攪拌器確實打發,製作蛋白霜。

\texture/

攪打至尖角直立

04

將①加入②混合拌勻。

05

將③的蛋白霜分3次加入④,每次加入都粗略大動作混拌。

此時以170℃預熱烤箱

\texture/

蛋白霜仍略有殘留的狀態即可。

06

過篩加入低筋麵粉，以攪拌器粗略地由底部舀起落向中央，避免揉和地混拌。

\texture\

混拌至膨鬆產生光澤

07

用湯匙將麵糊舀至模型中，填入約9分滿。

08

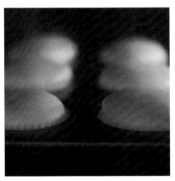

以170℃的烤箱烘烤約15分鐘～略略呈色為止。

09

趁熱輕輕取出，連同模型往工作檯輕敲2～3次排出空氣，放在網架上冷卻。

---
column

打發鮮奶油時，缽盆下方墊放保冷劑，或下墊放有冰水的缽盆，能讓鮮奶油不致塌陷的小訣竅！

滋潤且香氣十足
是高級燒菓子的代表

焦化奶油的
正統瑪德蓮

Point

奶油緩緩加熱成榛果色
使用這樣除去雜質的
「焦化奶油」
就是正統&奢華的瑪德蓮。
因爲麵糊靜置比較花時間，
適合作爲特殊場合的饋贈禮物。

材料（迷你瑪德蓮模50個）

低筋麵粉	150g	雞蛋	4個（L尺寸）
泡打粉	3g		
砂糖	100g	奶油	120g
蜂蜜	100g	（製作焦化奶油，完成時100ml）

預備作業 ▶ 量測材料

烘焙時間 ▶ 190℃　約10分鐘～

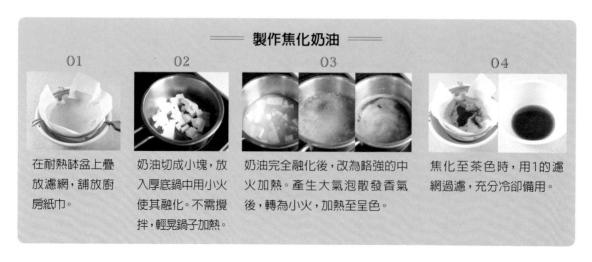

製作焦化奶油

01
在耐熱缽盆上疊放濾網，舖放廚房紙巾。

02
奶油切成小塊，放入厚底鍋中用小火使其融化。不需攪拌，輕晃鍋子加熱。

03
奶油完全融化後，改為略強的中火加熱。產生大氣泡散發香氣後，轉為小火，加熱至呈色。

04
焦化至茶色時，用1的濾網過濾，充分冷卻備用。

製作瑪德蓮麵糊

01

雞蛋分開蛋黃和蛋白。

02

蛋白中加入砂糖，用攪拌器攪打。

攪打至白色氣泡均勻的程度

03

加入蛋黃4顆，用攪拌器混拌。

04

過篩加入麵粉和泡打粉。

05

用攪拌器攪拌，拌至產生麵筋組織般地確實混拌均勻。

\texture/

攪拌至材料上殘留攪拌器痕跡

06

加入焦化奶油，用攪拌器確實混拌。

07

放進蜂蜜，用攪拌器確實混拌。

\texture/

至濃稠狀即可

08

將麵糊放入清潔的容器內，置於冷藏室至少3小時，儘可能靜置一夜。

09

此時以190℃預熱烤箱

以噴霧式脫模烤盤油噴撒在瑪德蓮模上，或是刷塗奶油篩上粉類（皆分量外）。

10

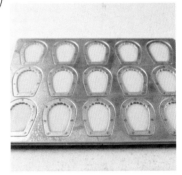

用湯匙將瑪德蓮麵糊舀入模型中約8～9分滿。

11

放至烤盤上，以190℃的烤箱烘烤約10分鐘～。

12

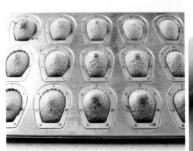

從烤箱中取出，脫模。

column 2

關於工具

（從右邊的橡皮刮刀開始）橡皮刮刀略大較方便使用。刀子可以區分用途使用，分切冷凍品、海綿蛋糕、水果。刀具由左邊起是常用的関孫六、kitchen paradise的「なみしゅう」、越前打刃物的產品。量匙是放置就能量測的貝印產品。量杯使用的是能量測50ml的貝印「料理家逸品」系列。刮板有2種不同硬度，可以區隔使用。像指節銅環形狀的是粉油切刀（Pastry Cutter），可一邊切小奶油兼具混拌粉類時的工具。食物調理機是 récolte 的產品，馬力足又輕簡是其魅力所在。

模型儘可能使用鐵製品，熱傳導效果較佳能確實完成烘焙。右上的瑪芬模是Calphalon的產品。磅蛋糕模是馬嶋屋菓子道具店的原創。瑪德蓮模是松永製作所的產品。

　理所當然，糕點製作也需要工具。必要的工具有烤箱、缽盆、量杯、量秤、擀麵棍等，有時候鍋子也是必備品。混拌、打發時，用攪拌器當然也沒關係，但會很辛苦，因此有手持電動攪拌機會比較好吧。橡皮刮刀或刮板等，雖然小型工具在100元商店也能買得到，但建議儘可能在糕點製作的工具專賣店購買，會比較紮實好用。

　照片中無論哪種，都是我平時講究下使用的工具。當然一旦講究就很花錢，因此初學時只要備齊基本工作，再慢慢地補上好用的產品即可。

燒菓子

高級篇

在此，結集的是使用專用烤模、
製作塡餡、需要多花一點工夫的糕點。
在習慣餅乾、瑪芬、
磅蛋糕等製作之後，
希望大家務必試著挑戰的種類。
或許無法一開始就很順利完成，
但重覆不斷試作後，
一定能成功並精通。
作爲或許哪一天會用到的糕點，請務必一試。

杏仁和砂布列麵團
香脆口感令人無法抵擋

法式焦糖杏仁酥

Point

砂布列麵團上

鋪了焦糖化的杏仁果

手作法式焦糖杏仁酥！

雖然比較花時間，但卻是認證的美味。

若預烤不足，會變得油膩，

是需要注意的重點。

材料（20cm×16cm 琺瑯方型淺盤1個 分切後約30片）

砂布列麵團		焦糖杏仁	
低筋麵粉	85g	杏仁片	150g
全麥粉	20g	奶油	50g
杏仁粉	20g	鮮奶油	50ml
奶油	70g	細砂糖	25g
糖粉	50g	蜂蜜	25g
雞蛋（打散狀態）	20g		
鹽	0.3g		

預備作業 ▶ 量測材料
在方型淺盤上鋪放烤盤紙
砂布列麵團的奶油切成1cm放至冷藏室冷卻

烘焙時間 ▶ 170℃　25分鐘～、升溫至180℃　30分鐘～

01

杏仁片排放在烤盤上，放入以150℃預熱的烤箱中烘烤約20分鐘。

\texture
烘烤至呈淡茶色

02

混合低筋麵粉、全麥粉、杏仁粉、砂糖、鹽，過篩。

03

在食物調理機中放入②和奶油（70g）混拌。

\texture
呈鬆散狀

04

\texture
鬆散粒狀即可

將③取出至缽盆中，加入雞蛋，像切開般混拌全體至融合。

05

放入塑膠袋內，由上方按壓使其平整。

06

在冷藏室中靜置30分鐘～1小時。

07

此時以170℃預熱烤箱

用擀麵棍在塑膠袋上擀壓成8mm～1cm厚，舖放在模型中。

08

用叉子在麵團上刺出孔洞。

09

以170℃的烤箱烘烤約25分鐘～作為預烤。邊緣呈色即可。

10

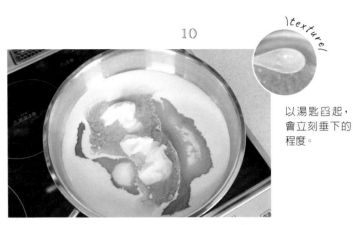

以湯匙舀起，會立刻垂下的程度。

在平底鍋中放入奶油（50g）、鮮奶油、細砂糖、蜂蜜，用中火加熱。奶油融化後，邊加熱邊晃動鍋子使全體融合。待氣泡變得黏稠，全體顏色變白即可。

11

此時以180℃預熱烤箱

加入①的杏仁片，混拌全體。避免杏仁片破碎地小心進行。

12

在⑨完成預烤的麵團上舖放⑩，輕柔按壓平整表面。

13

以180℃烘烤約30分鐘～烘焙至呈金黃色澤。加熱至底部的麵團確實完成烘烤。

texture

底部的烘焙色澤參考標準，約是這個程度

14

完成烘烤後取出，趁餅乾部分尚柔軟時進行分切。首先杏仁片部分用鋸齒麵包刀分切，接著改用一般刀子按壓分切餅乾部分。

15

分切成4cm×4cm。

Chiffon Cake

試著製作幾次
就能悟出要領的糕點

　　戚風蛋糕是我沒有向誰學過的蛋糕之一。過去，曾經是行家才知道的神奇蛋糕，在我生完第一個孩子住在娘家時，媽媽買了一個戚風蛋糕模回來，說「你不就是喜歡這個嗎？」，而開始了這個契機。

　　雖然大家都說戚風蛋糕的麵糊最難處理、容易失敗，要避免破壞打發的蛋白霜，又要確實完成混拌就是重點。我自己也是經過無數次的製作，才掌握住不失敗的絕竅。

　　不使用奶油、砂糖，油脂也很少的蛋糕，完成烘焙後也很輕盈，因此也可以取代麵包給小朋友食用。也很建議回烤，讓表面酥脆地享用。

入口即化
鬆軟潤澤

原味戚風蛋糕

雖然是簡單的材料
但利用雞蛋的力量
做出鬆軟膨脹的戚風蛋糕
受到大人小孩的高度喜愛。
在能完成豐富口感的製作前
請務必不斷重覆練習！

材料（17cm的戚風蛋糕模1個）

低筋麵粉	65g
液體油	40ml
溫水	40ml
砂糖	50g
蛋黃	2個（L尺寸）
蛋白	3個（L尺寸）

＜完成時使用＞

糖粉（依個人喜好）	適量

預備作業 ▶ 量測材料

烘焙時間 ▶ 170℃　約40分鐘～

01

雞蛋分開蛋黃和蛋白。蛋白要注意不要參入蛋黃。蛋黃置於常溫。蛋白放入冷凍室至蛋白變得爽脆。

02

低筋麵粉過篩2次。

03

用手持電動攪拌機輕輕攪散蛋黃。

04

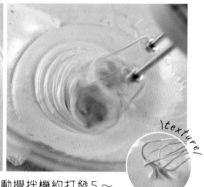

\texture/

濃稠沈重狀

在③中加入砂糖20g，用手持電動攪拌機約打發5～10分鐘，攪打至顏色發白，膨脹成2倍。

05

加進液體油，用手持電動攪拌機打發至材料表面殘留攪拌葉的痕跡。

06

加入溫水，混拌至全體起泡均勻為止。

至起泡狀態

07

加入②，用攪拌器混拌約50次，至滑順狀。

呈緞帶狀落下

08

由冷凍室取出蛋白，加入1小撮鹽（分量外），用手持電動攪拌機中速攪散。

09

加入其餘的砂糖，手持電動攪拌機改為高速，一口氣打發成蛋白霜。

column

打發蛋白時，使用的缽盆和攪拌機的攪拌葉都不能有髒污或水分。帶有水滴時，就會產生打發狀況不良。

10

此時以
170℃
預熱烤箱

在⑦的蛋黃材料中加入⑨用攪拌器整合後1/3分量的蛋白霜，像是用⑦稀釋氣泡般地混拌。

11

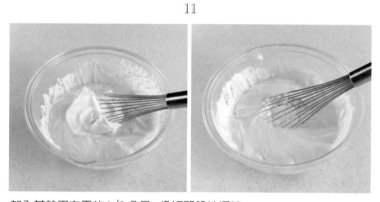

加入其餘蛋白霜的1/2分量，像切開般地混拌。

12

將⑪的麵糊倒入其餘的蛋白霜缽盆中，用攪拌器由底部舀起般大動作混拌。

=== column ===

缽盆中殘留的麵糊，若用橡皮刮刀刮取會造成膨脹不良，不需過於勉強地刮入模型中，可以放入另外的紙杯內，烘烤後當作試味道品嚐即可。

13

改以橡皮刮刀,由底部翻起地翻拌至滑順產生光澤,當麵糊可以柔軟地呈緞帶狀落下為止。

14

約從距模型10cm左右的高度,垂落般倒入戚風蛋糕模內。

15

晃動模型2〜3次整合麵糊。

16

用170℃烘烤約40分鐘〜。經過10分鐘後打開烤箱門,迅速地在麵糊表面劃入切紋,接著烘烤至切紋處呈色為止。

17

完成烘烤後,從烤箱取出,由10cm高處摔落在工作檯上。倒扣,確實冷卻(約5小時)。

18

在模型內側用薄的抹刀上下動作地劃出一圈。模型外側也用薄抹刀上下動作地劃出圈狀,脫去邊框。底部也插入抹刀脫模。

19

倒扣至砧板上,依個人喜好篩上糖粉。

戚風蛋糕的變化組合

僅需變更 p.100 戚風蛋糕的材料,
就能烘焙出完全不同風味的戚風蛋糕。

柳橙清新爽口的風味

柑橘和罌粟籽的
戚風蛋糕

p.100
原味戚風蛋糕的

材料部分變更
＋罌粟籽 20g
・溫水40ml→10ml ＋柳橙等果汁30ml
・蛋黃2個→3個

材料如上述變更＆增加3點,製作方法相同。罌粟
籽與低筋麵粉混合備用,在加入溫水的時間點改
加入果汁和溫水。果汁請務必以新鮮果實榨取過
濾後使用。

戚風蛋糕的經典
抹茶戚風蛋糕

p.100
原味戚風蛋糕的

材料部分變更
＋抹茶 5g
・溫水40ml→**50ml**

材料如上述只要變更＆增加2點，製作方法相同。低筋麵粉與抹茶粉混合過篩備用。抹茶使用優質產品，香味會更加不同。我個人喜歡的是小山園的白蓮。

輕柔的紅茶香
紅茶戚風蛋糕

p.100
原味戚風蛋糕的

材料部分變更
＋茶葉（伯爵茶）3g
・溫水40ml→**濃紅茶液40ml**

材料如上述只要變更＆增加2點，製作方法相同。紅茶用磨缽等磨細後，與低筋麵粉混合過篩備用。在添加溫水的時間點，改為添加濃紅茶液。使用的紅茶也是伯爵茶。

新鮮香蕉的
甜度格外出色

香蕉塔

Point

以融化牛奶糖提味的

烤香蕉塔。

牢記塔皮麵團和杏仁奶油餡的

基本製作方法後，

請利用各種季節的水果

試著烘焙各式水果塔！

材料（直徑18cm的塔餅模1個）

塔皮麵團
（製作方法請參照 p.15 的液體油餅乾）

低筋麵粉	120g	鹽	0.5g
糖粉	40g	低筋麵粉	15g
液體油（米糠油）	50ml	乾燥鳳梨（蘋果也可以）	30g
雞蛋	1/3個	香蕉	4條
香草油	3滴	焦糖牛奶糖（市售）	9個

杏仁奶油餡 ＜完成時使用＞

奶油	50g	杏桃果醬	30g
砂糖	50g	洋酒（或水）	1大匙
雞蛋	1個（M尺寸）	開心果	適量
杏仁粉	50g	防潮糖粉	適量

預備作業 ▶ 量測材料
　　　　　　　奶油回復常溫
　　　　　　　雞蛋回復常溫，加入鹽攪散
　　　　　　　乾燥鳳梨切碎

烘焙時間 ▶ 170℃　約60分鐘～

製作杏仁奶油餡

01

在缽盆中放入奶油，攪拌至顏色
發白。

02

添加砂糖，打發至白色膨鬆狀。

確實飽含空氣

03

少量逐次加入蛋液，每次加入都充分混拌使其乳化。

避免雞蛋和
奶油分離

04

過篩加入低筋麵粉、杏仁粉，用橡皮刮刀大動作混合拌勻。

混拌至粉類
消失

05

用保鮮膜包覆，靜置於冷藏室
30分鐘～1小時。冷凍也可以。

製作塔皮麵團　＊麵團的製作方法請參照 p.15 的液體油餅乾（分量相同）

01

在模型中噴撒噴霧式脫模烤盤油。

02

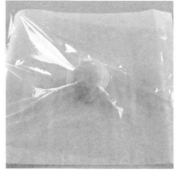

在烤盤紙上放塔皮麵團，鬆鬆地覆蓋保鮮膜。

03

用擀麵棍擀壓成 5mm 厚，較塔模更大一圈的圓形，過程中邊確認大小邊進行擀壓。

04

按壓至塔模中，連邊緣都確實按壓。

05

滾動擀麵棍切下外露出模型的麵團，以防破損地收起備用。

06

用叉子刺出孔洞。

完成

01

此時以
170℃
預熱烤箱

\texture\

拌至滑順
為止

02

從冷藏室取出杏仁奶油餡，用橡皮刮刀攪拌。

添加乾燥鳳梨，粗略地混拌。

03

放入鋪有塔皮麵團的模型中，填入杏仁奶油餡並平整表面。

04

香蕉切成5mm的寬度。焦糖牛奶糖用廚房剪刀剪成細小塊狀。

05

將香蕉在③的表面擺放填裝成
螺旋狀，中間擺放焦糖牛奶糖。

06

用170℃的烤箱，烘烤約60分鐘～。

07

烘焙至香蕉確實有焦色，呈現黃金色澤時取出。

08

在小鍋中放入杏桃果醬和洋酒（或水），煮至融化，用刷子刷塗至表面。

09

篩上糖粉，裝飾切碎的開心果。

=== *column* ===

奶油和雞蛋放置回復常溫。冷卻狀態容易產生分離，必須多加注意。

果醬不限於杏桃果醬，橙皮果醬等顏色淺的都可以。

沒有噴霧式脫模烤盤油時，可在模型中刷塗奶油，篩上粉類，置於冷藏室冷卻備用。

Apple Pie

希望能樂在其中
在家輕鬆地製作

　　在教我製作糕點的加拿大媽媽的寄宿家庭裡，取代早餐的是司康這樣的糕點，像派一般紮實的糕點則會取代晚餐來享用。

　　就像我們每天煮白米飯，肉餅派或司康，都是在家裡自己製作的種類。材料的量測也是大約，即使分量略有出入，也都能製作出很美味的成品。

　　就像我們覺得冒著熱氣、剛煮出的白米飯很好吃一樣，蘋果派也是剛出爐最美味！連同模型直接分切成大片，不用擔心形狀崩壞，建議趁熱直接享用。

　　經過一段時間後，可以覆熱再佐上香草冰淇淋，也是獨具一格的美味。

說不清的懷舊感
經典的滋味

家庭自製蘋果派

> **Point**

就像出現在繪本中的

經典的蘋果派

包覆滿滿酸甜蘋果

烘焙而成。

模型是鋁製品，

檸檬汁是現榨的。

材料（21cm的派盤1個）

派皮麵團		肉桂	1.5g
高筋麵粉	100g	肉荳蔻	0.5g
低筋麵粉	200g	檸檬汁（原汁）	20ml
奶油	200g	玉米粉	5g
檸檬汁	1大匙	奶油	25g
冰水	6大匙	鹽	1g
鹽	5g		

蘋果填餡

<完成時使用>

蘋果（紅玉）	600g	雞蛋	1個
（實際重量）※7個左右		砂糖	1大匙
細砂糖	50g	杏桃果醬（若有）	30g
二砂糖	50g	蘭姆酒	1大匙

預備作業 ▶ 量測材料
　　　　　　奶油切成1cm塊狀置於冷藏室冷卻

烘焙時間 ▶ 230℃　　約15分鐘～、覆蓋鋁箔紙降溫至220℃約40分鐘～

製作派皮麵團

01

在缽盆中放入高筋麵粉、低筋麵粉、鹽，用攪拌器混拌。

02

\texture\

成為鬆散狀態

將①和奶油放入食物調理機中，混拌約10秒。

03

\texture\

捏起時可成團即可

移至略大的缽盆中，加入檸檬汁和冰水，用橡皮刮刀邊按壓邊使其融合。無法整合成團時，可以邊視其狀態再添加1大匙冰水（分量外）。

04

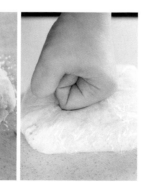

攤開後用手按壓成團。

05

分成2等分，用保鮮膜包覆，靜置於冷藏室2小時以上（最長靜置2天）。也可以冷凍。

製作蘋果填餡

01

蘋果去皮,切成2cm的塊狀。

column

用於填餡的蘋果,紅玉品種是最佳選擇。若沒有,也可以使用紅龍(Jona-gold)品種。甜味則可用細砂糖的分量進行調整。

02

二砂糖和細砂糖、鹽、肉桂、肉荳蔻混合,使①的蘋果沾裹上材料。

03

加入檸檬汁,用橡皮刮刀混拌,待砂糖確實融化約靜置10分鐘。

\texture/

因水分使表面產生光澤

04

在平底鍋中放入奶油以中火加熱,待產生香氣、氣泡後,加入③拌炒。

05

待噗滋噗滋釋出湯汁後,蓋上鍋蓋,約加熱10分鐘(過程中上下翻動)。

\texture/

釋出湯汁

製作蘋果填餡

06

當一半的蘋果成為果醬狀時,加入玉米粉使其濃稠。

07

持續混拌,以橡皮刮刀劃過可看見平底鍋底時,就能熄火。

texture

產生濃稠

08

攤放在方型淺盤上,確實冷卻。

完成

01

此時以
230℃
預熱烤箱

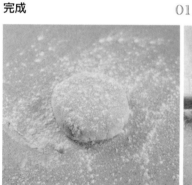

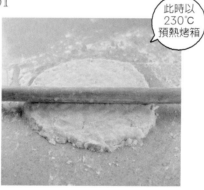

在使用前5分鐘取出一個派皮麵團,撒上手粉,擀壓成4mm厚。

02

將派皮麵團鋪在派盤中,外露的部分約留1cm左右,其餘切除。

03

派皮麵團的邊緣貼合模型地折入,做成派邊。

04

另一個派皮麵團,由冷藏室取出,放置約5分鐘後,擀壓成4mm厚、比派盤略大的形狀。

05

將蘋果填餡倒入③，堆高中央的
部分。

06

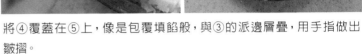

將④覆蓋在⑤上，像是包覆填餡般，與③的派邊層疊，用手指做出
皺摺。

07

表面用刀子劃入切紋。

08

用混入砂糖的蛋液以毛刷塗抹
在表面。烘烤前若麵團呈塌軟狀
態，可以再次放入冷藏室冷卻。

09

用230℃的烤箱，烘烤約15分
鐘〜。

10

取出，用鋁箔紙包覆派皮邊緣，降溫至200℃烘烤約40分鐘〜，至全
體確實呈現烘烤色澤。

11

完成烘烤取出降溫時，用杏桃果
醬和蘭姆酒混合的煮汁刷塗在表
面，待其乾燥。

清新爽口的風味
最適宜春夏時節

檸檬奶油蛋糕

Point

使用蛋黃和蛋白一起打發

全蛋打發法製作的獨家珍藏蛋糕。

潤澤可口，檸檬清爽的風味，

待掌握麵糊烘焙的時間後，

也可以試著用檸檬形或花形模等，

各式模型都能製作。

材料（18×8×6cm的磅蛋糕模1條）

低筋麵粉	120g	**＜完成時使用＞**	
杏仁粉	30g	杏桃果醬	30g
焦化奶油	40ml	熱水（或洋酒）	1大匙
（以奶油50g製作而成）		糖粉	50g
*製作方法請參照 p.90		檸檬汁	10～13ml
雞蛋	3個（L尺寸）		
細砂糖	100g	開心果（依個人喜好）	適量
液體油	40ml	檸檬皮（依個人喜好）	適量
檸檬汁	25ml		
檸檬皮（無蠟）	少許		

預備作業 ▶ 量測材料

製作焦化奶油（完成的焦化奶油與液體油混合，避免凝固地隔水加熱備用）

在磅蛋糕模內側噴撒烤盤油或舖放烤盤紙

烘焙時間 ▶ 170℃　約20分鐘～　降溫至160℃約30分鐘～

01

02

檸檬充分洗淨後磨下檸檬皮,再
對半切,擠出果汁與皮混合。

低筋麵粉、杏仁粉混合,過篩
2次。

03

\texture/

在缽盆中放入雞蛋和砂糖,用手持電動攪拌機高速攪打。
待攪打至能在麵糊表面留下書寫痕跡的狀態時,改為低速
整合完成時的氣泡。

成為氣泡細緻
的緞帶狀

此時以
170℃
預熱烤箱

04

加入①的檸檬汁、②的粉類,由底部舀起翻拌至中央,不揉和地混拌。

05

 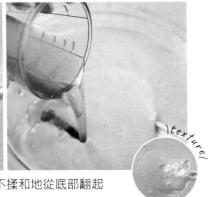

加進溫熱的焦化奶油和液體油，不揉和地從底部翻起混拌。

texture/

奶油和油混拌，
使麵團均勻

06

麵糊倒入磅蛋糕模，約至8～9分滿。

07

以170℃烘烤約20分鐘，降溫至160℃烘烤約30分鐘～。

08

完成烘烤後，由10cm高處摔落至工作檯上1次，倒扣在鋪有烤盤紙的網架上。

09

趁熱脫模，以濕濕的廚房紙巾覆蓋冷卻，待冷卻後切去邊角。

10

在杏桃果醬中加入熱水或洋酒稀釋煮開，以毛刷蘸取刷塗在全體表面，待表面乾燥。

11

糖粉中加入檸檬汁，製成糖霜，除了底部之外用毛刷塗抹全體。依個人
喜好撒上開心果碎。

12

以220℃預熱的烤箱，烘烤1分鐘，使表面乾燥。依個人喜好撒上切碎
的檸檬皮。

column

分切時，切成略厚片，更
能提升特殊的口感。

糖霜的變化組合

檸檬味等不太甜的糕點可在表層加上糖霜，更能相互輝映風味。外觀也可以更可愛討喜，因此非常適合當作小禮物。

使用液體油餅乾食譜

檸檬液體油餅乾

p.15的
液體油餅乾的

材料部分變更
- 液體油50ml→40ml
    　　＋ **檸檬汁20ml**
    　　　鹽1小撮（0.5g）
- 香草油3滴→**不要**
- 雞蛋1/3個→**不要**

材料如上述變更＆增加。鹽加入粉類中，檸檬汁與粉類混拌後，確實混合地用手揉搓。用壓模按壓成厚5mm的麵團。糖霜在充分冷卻後刷塗，放入以230℃預熱的烤箱中烘烤1分鐘。也可以在烘烤前撒上切碎的開心果。

系列名稱 / Joy Cooking

書名 / 滋味豐富美妙的燒菓子 & 烘烤點心

作者 / gemomoge

出版者 / 出版菊文化事業有限公司

發行人 / 趙天德

總編輯 / 車東蔚

翻譯 / 胡家齊

文 編·校 對 / 編輯部

美編 / R.C. Work Shop

地址 / 台北市雨聲街 77 號 1 樓

TEL / (02) 2838-7996

FAX / (02) 2836-0028

初版日期 / 2022 年 11 月

定價 / 新台幣 380 元

ISBN / 9789866210877

書號 / J152

讀者專線 / (02) 2836-0069

www.ecook.com.tw

E-mail / service@ecook.com.tw

劃撥帳號 / 19260956 大境文化事業有限公司

KONO OISHISA, MARU DE PRO KYU!
AJIWAI RICH NA YAKIGASHI RECIPE
©gemomoge 2021
First published in Japan in 2021 by KADOKAWA CORPORATION, Tokyo.
Complex Chinese translation rights arranged with KADOKAWA CORPORATION, Tokyo
through TUTTLE-MORI AGENCY, INC., Tokyo.

國家圖書館出版品預行編目資料
滋味豐富美妙的燒菓子 & 烘烤點心
gemomoge 著；-- 初版 .-- 臺北市
出版菊文化，2022 [111] 128 面；19×26 公分 .
(Joy Cooking：J152)
ISBN / 9789866210877
1.CST：點心食譜
427.16   111013257

請連結至以下表單
填寫讀者回函，將
不定期的收到優惠
通知。